MathStart®
洛克数学启蒙 ❸

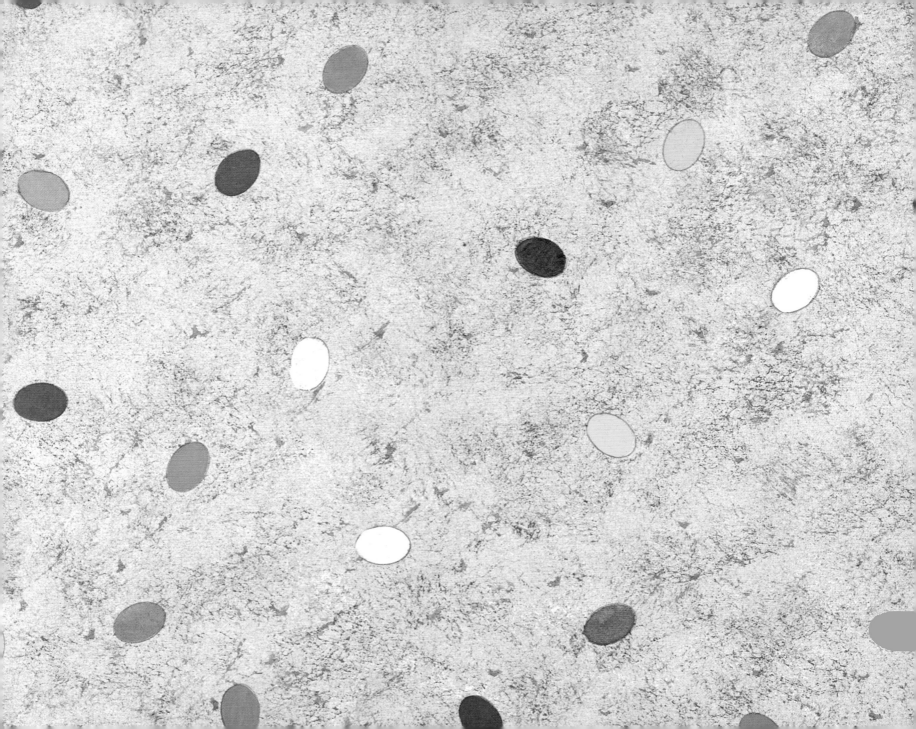

谁猜得对

[美]斯图尔特·J.墨菲　文　　[美]S.D.欣德尔　图　　吕竞男　译

海峡出版发行集团　福建少年儿童出版社
THE STRAITS PUBLISHING & DISTRIBUTING GROUP | FUJIAN CHILDREN'S PUBLISHING HOUSE

估算

献给相信"洛克数学启蒙"能成功的布朗·蒂根。
——斯图尔特·J.墨菲

著作权合同登记号：图字 13-2023-038号

图书在版编目（CIP）数据

洛克数学启蒙. 3. 谁猜得对 / (美) 斯图尔特·J. 墨菲文；(美) S.D.欣德尔图；吕竞男译. -- 福州：福建少年儿童出版社, 2023.9
ISBN 978-7-5395-8241-2

Ⅰ.①洛… Ⅱ.①斯… ②S… ③吕… Ⅲ.①数学 - 儿童读物 Ⅳ.①O1-49

中国国家版本馆CIP数据核字(2023)第074393号

LUOKE SHUXUE QIMENG 3 · SHUI CAI DE DUI

洛克数学启蒙3·谁猜得对

著　　者：[美]斯图尔特·J.墨菲　文　［美]S. D. 欣德尔　图　吕竞男　译
出 版 人：陈远　出版发行：福建少年儿童出版社　http://www.fjcp.com　e-mail:fcph@fjcp.com　社址：福州市东水路76号17层（邮编：350001）
选题策划：洛克博克　责任编辑：曾亚真　助理编辑：赵芷晴　特约编辑：刘丹亭　美术设计：翠翠　电话：010-53606116（发行部）　印刷：北京利丰雅高长城印刷有限公司
开　　本：889 毫米 ×1092 毫米　1/16　印张：2.5　版次：2023 年 9 月第 1 版　印次：2023 年 9 月第 1 次印刷　ISBN 978-7-5395-8241-2　定价：24.80 元

嘿！看哪，玩具星球公司正在举办挑战赛。
只要猜对他们橱窗中的罐子里有多少颗豆豆糖，
就能免费赢得两张全明星比赛门票！

猜猜里面有多少颗豆豆糖！

玩具星球

哦，真的吗？
我们去试试看吧。

我相信，我一定会赢。

哦，是吗？我特别擅长猜数量。
我敢说，赢的会是我。

既然你这么会猜数量，那你说说，
这辆车上除了我俩，还有多少位乘客？

当然没问题！

9

好，有多少位乘客呢？

10

4人

10排

$4 \times 10 = 40$（人），加上站着的几位乘客……

我估计，大概有 43 人。

我刚才数了数，一共有 45 位乘客。

相当接近啦！

哇！看，堵车啦。
你肯定猜不到究竟有多少辆车堵在这条街上。

我相信我一定能猜到。

来吧，试试看。

16

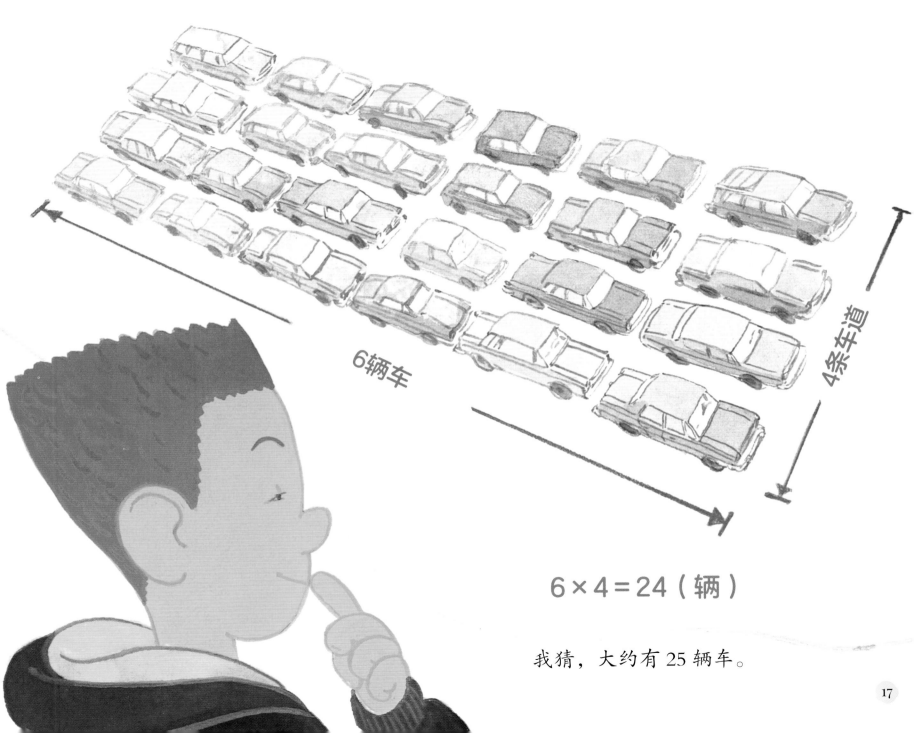

6辆车

4条车道

$6 \times 4 = 24$（辆）

我猜，大约有 25 辆车。

1，2，3……21，22，23！

我数完了，一共 23 辆车。

很接近正确答案啦！

商店到了，快看，多酷的玩具啊！
如果全部买下来，你觉得大约需要多少钱？

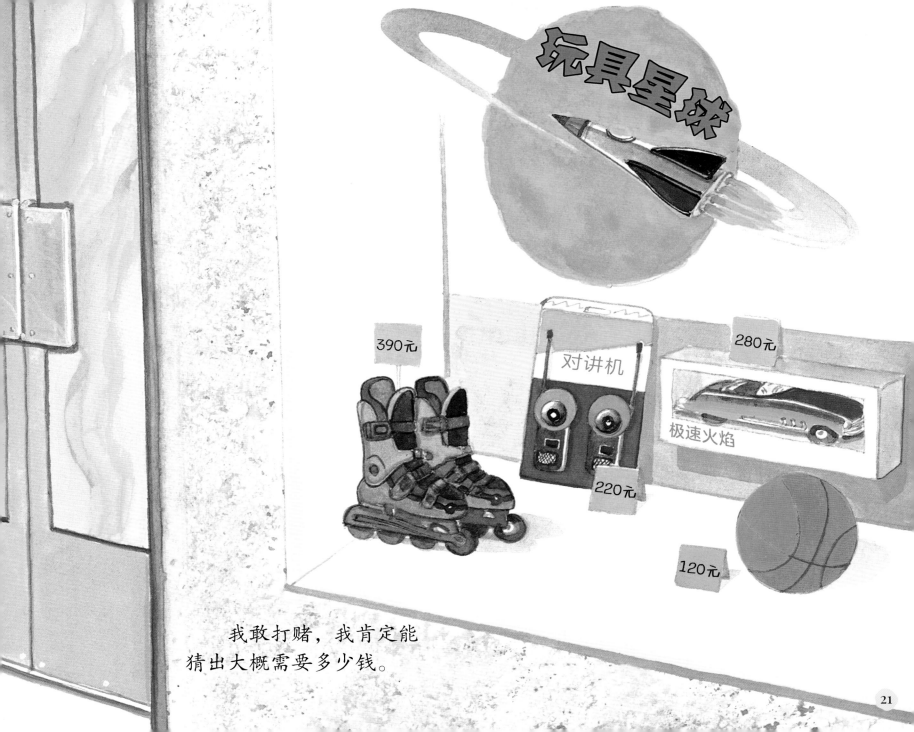

玩具星球

390元

对讲机

280元

极速火焰

220元

120元

我敢打赌，我肯定能
猜出大概需要多少钱。

22

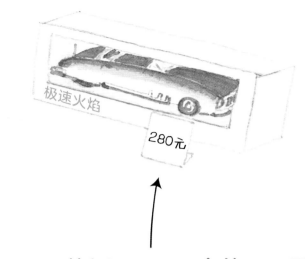

390元

220元

接近400元+200元多一点=大约600元

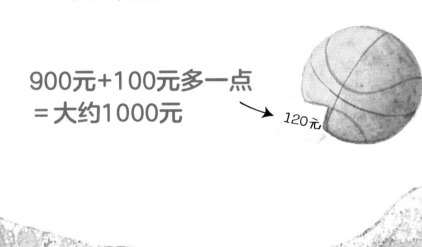

280元

600元+将近300元=大约900元

900元+100元多一点
=大约1000元

120元

我猜到了，大约 1000 元。

看到了吗？我的答案又很接近。
我根本都不需要用笔计算。

好吧，现在来看看真正的比赛题目。
罐子里大约有多少颗豆豆糖呢？

猜对这里有多少颗豆豆糖，就能
免费赢得两张全明星比赛门票。

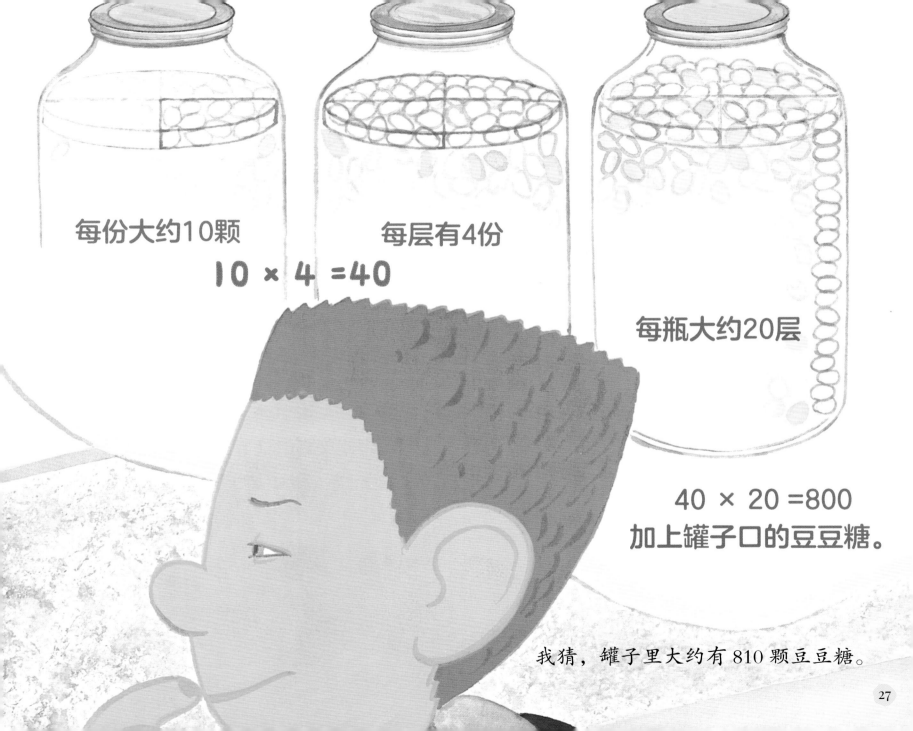

每份大约10颗

$$10 × 4 = 40$$

每层有4份

每瓶大约20层

$$40 × 20 = 800$$
加上罐子口的豆豆糖。

我猜，罐子里大约有810颗豆豆糖。

好吧，我没有办法一颗颗数，不过他的答案每次都很接近。那我就再加上几颗吧。

812

太厉害啦！完全正确！
你可以去观看全明星比赛啦。

我就知道我猜得对！走吧，一起去看比赛！

31

对于《谁猜得对》中所涉及的数学知识，如果你想从中获得更多乐趣，有以下几条建议：

1. 和孩子一起读故事，引导孩子叙述每一幅图中的情节。讲故事的过程中提问孩子，例如："你会怎样估算公共汽车上的人数？""你会怎样估算堵车时大街上车子的数量？"

2. 帮助孩子理解什么是估算：先提出问题"你该如何得到答案？""你觉得它基本正确吗？"，当孩子获得更多的信息后，鼓励他重新进行估算。估算的过程比正确答案更重要。

3. 聊一聊现实生活中需要估算的情况，比如，要预订多少比萨才够全家人吃，舞蹈课或足球训练前的空闲时间可以完成多少件琐事。

4. 试着用估算的结果和计算器计算的结果作对照。估算冰箱中四五种物品的总价，然后用计算器来算一算，看看你的估算方法是否合理。然后再找一组物品试一试。

5. 设计你们自己的"估算"游戏：挑选一些不容易数清的事物，比如排成长龙的队伍、停车场里的车辆，或者一大盒饼干，引导孩子从不同的角度进行估算，然后核对结果，看看估算值与实际数字是否接近。

如果你想将本书中的数学概念扩展到孩子的日常生活中，可以参考以下这些游戏活动：

1. 餐厅游戏：在最喜欢的餐厅吃饭时，估算就餐人数。然后迅速数一数，看看估算的结果是否接近。试着估算餐厅里有多少张桌子、多少把椅子，总共需要支付多少餐费。

2. 散步游戏：在小区里散步时，估算整个小区有多少户人家。如果步行去公园，估算一路上会路过多少栋楼房。过马路时，如果你跨越斑马线上相邻两道白线的步数是一定的，那么你穿越整个路口大约需要多少步？绕整个街区一圈需要多少步？

3. 购物游戏：估算你家每月购买某种特定的食物（比如麦片）需要花费多少钱，全家人每月大约吃掉多少盒麦片，每盒大约多少钱，大概需要多少钱。然后保留购买记录，看看估算的结果与实际情况是否接近。

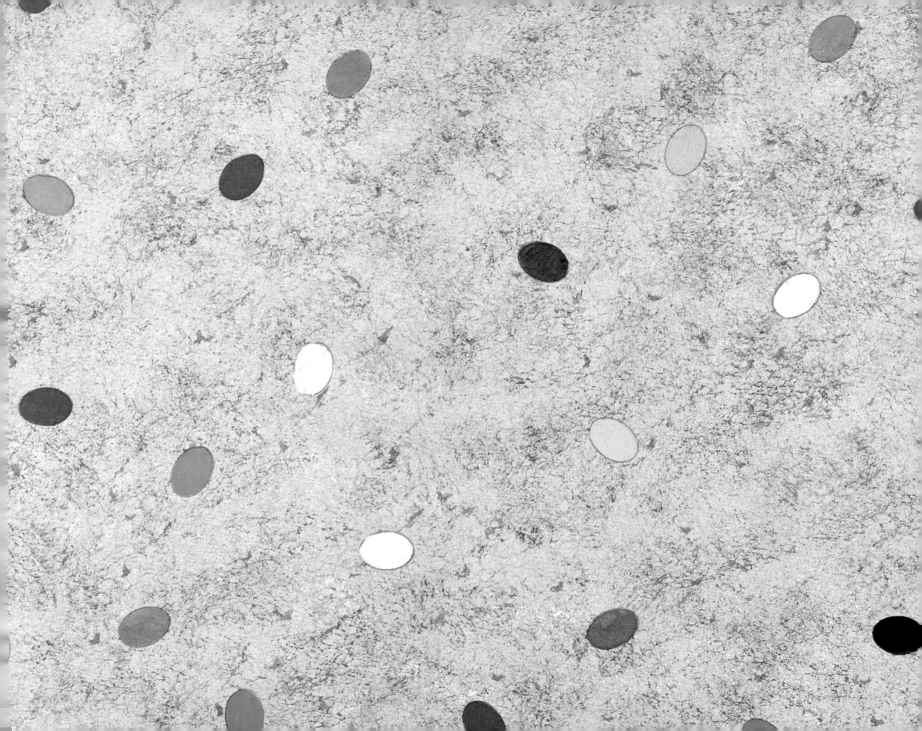

洛克数学启蒙

1

《虫虫大游行》	比较
《超人麦迪》	比较轻重
《一双袜子》	配对
《马戏团里的形状》	认识形状
《虫虫爱跳舞》	方位
《宇宙无敌舰长》	立体图形
《手套不见了》	奇数和偶数
《跳跃的蜥蜴》	按群计数
《车上的动物们》	加法
《怪兽音乐椅》	减法

2

《小小消防员》	分类
《1、2、3，茄子》	数字排序
《酷炫100天》	认识1-100
《嘀嘀，小汽车来了》	认识规律
《最棒的假期》	收集数据
《时间到了》	认识时间
《大了还是小了》	数字比较
《会数数的奥马利》	计数
《全部加一倍》	倍数
《狂欢购物节》	巧算加法

3

《人人都有蓝莓派》	加法进位
《鲨鱼游泳训练营》	两位数减法
《跳跳猴的游行》	按群计数
《袋鼠专属任务》	乘法算式
《给我分一半》	认识对半平分
《开心嘉年华》	除法
《地球日，万岁》	位值
《起床出发了》	认识时间线
《打喷嚏的马》	预测
《谁猜得对》	估算

4

《我的比较好》	面积
《小胡椒大事记》	认识日历
《柠檬汁特卖》	条形统计图
《圣代冰激凌》	排列组合
《波莉的笔友》	公制单位
《自行车环行赛》	周长
《也许是开心果》	概率
《比零还少》	负数
《灰熊日报》	百分比
《比赛时间到》	时间